La teoría propone un modelo cosmológico cíclico, donde cada ciclo construye sobre el anterior, ofreciendo una guía para comprender la evolución del universo actual o cualquier anterior desde su origen.

Esta teoría se basa en conocimientos objetivos disponibles en el momento de su formulación, libres de interpretaciones subjetivas. En conclusión, la teoría se basa exclusivamente en efectos y causas verificables, eliminando cualquier interpretación subjetiva o especulación.

Esta teoría no es producto de un proceso cognitivo comparativo, ya que no se basa en la comparación de elementos. Esta afirmación se sustenta en el hecho de que la teoría parte de un **único elemento**, indivisible y desintegrable. La comparación presupone la existencia de múltiples referencias, pero esta teoría define y parte desde una única referencia sin variaciones posibles, lo que imposibilita cualquier tipo de contraste.

La teoría en cuestión es única por no derivarse de un proceso comparativo, puesto que se centra en un elemento único, sin equivalentes ni contrapartes. Al partir de una única entidad indivisible pero desintegrable que define y engloba toda la Realidad en su etapa existencial, la teoría carece de la pluralidad necesaria para establecer relaciones de comparación. Sin múltiples referencias, resulta imposible realizar un análisis comparativo.

Esta teoría propone una visión innovadora al considerar la subjetividad no como un polo opuesto a la objetividad, sino como un aspecto inherente a ella. Al integrar la experiencia subjetiva dentro del marco de la realidad objetiva, la teoría desafía las nociones dualistas tradicionales que separan tajantemente lo subjetivo de lo objetivo. Al hacerlo, ofrece una nueva perspectiva que permite explicar la subjetividad desde una perspectiva objetiva, sin caer en reduccionismos o recurrir a la eliminación u omisión, desde el principio funcional presentado en la Teoría se puede explicar Todo, es una Teoría del Todo.

La teoría se presenta en un lenguaje sencillo y directo, evitando tecnicismos innecesarios, con el objetivo de resultar accesible a cualquier persona, independientemente de su formación científica. Al prescindir de fórmulas y ecuaciones complejas, esta teoría pretende superar las barreras disciplinarias y establecer un diálogo abierto con cualquier ser inteligente, independientemente de su campo de estudio. Aunque, la teoría se presenta de forma narrativa para facilitar su comprensión, algunos conceptos pueden requerir una profunda reflexión por parte del lector, la naturaleza intrínseca de la teoría implica un cierto nivel de complejidad que invita al lector a implicarse activamente en su comprensión.

¿Podrá la ciencia explicar toda la realidad, por sí sola? La respuesta, en mi opinión, es un rotundo no. A pesar de sus innegables logros, la ciencia es una herramienta poderosa pero limitada para comprender la realidad. Si bien ha avanzado enormemente en la explicación de los fenómenos naturales, la ciencia es inherentemente una construcción humana, fragmentada en disciplinas especializadas que abordan aspectos particulares de la realidad.

El conocimiento humano, en su totalidad, es mucho más amplio que la ciencia. Incluye no solo los conocimientos científicos, sino también los conocimientos artísticos, filosóficos, históricos, sociales y espirituales. Cada una de estas áreas aporta una perspectiva única y complementaria sobre la realidad, donde cada una contiene verdades, pero también interpretaciones equivocadas. Al fragmentar el conocimiento en disciplinas, perdemos de vista la interconexión entre los diferentes aspectos de la existencia.

Argumentar que el conocimiento humano en su conjunto puede explicar toda la realidad es una afirmación audaz y compleja. Sin embargo, al reconocer la importancia de todas las formas de conocimiento, podemos construir una comprensión más completa y holística de nuestra realidad. La ciencia nos proporciona herramientas para entender el mundo material, pero no puede explicar por sí sola fenómenos como la conciencia, la belleza o el significado de la vida.

En resumen, la ciencia es una parte fundamental del conocimiento humano, pero no es la única. Para comprender plenamente la realidad, necesitamos integrar los conocimientos de todas las disciplinas y reconocer la importancia de la experiencia subjetiva y la intuición, en conclusión se debe considerar todo el conocimiento disponible correspondiente. La búsqueda de una explicación completa de la realidad es un desafío que trasciende los límites de la ciencia y requiere una perspectiva interdisciplinaria y holística, esto es precisamente lo que esta teoría única intenta y, a juzgar por sus postulados, parece lograr: una comprensión integral y unificada de la realidad.

Esta teoría desafía los límites de nuestra comprensión actual y exige un esfuerzo intelectual considerable. No es una lectura superficial, sino una invitación a explorar nuevos horizontes del pensamiento. Aquellos que se atrevan a adentrarse en sus postulados descubrirán una visión de la realidad radicalmente diferente basada en un único principio funcional desde un único elemento constitutivo.

"El Libro de los 7 Millones de Años de Cognición sin Interrupción de Bepe Popu presenta una teoría revolucionaria que propone un modelo cosmológico cíclico y acumulativo, único en su enfoque, que nos invita a explorar el origen y evolución del universo desde una perspectiva innovadora. Esta obra audaz sugiere que el cosmos está en constante transformación y que aumenta entre ciclos, compuesto por ciclos repetitivos pero cada vez más complejos debido a la acumulación de sus efectos."

Términos: Masa, Masas, Espacio, Trayectorias, Magnitud, Magnitudes, Desplazamiento, Movimiento, Intermedio, Superficie, centro, céntrico, orbital, orbitas, plano, planos, medio, interior, exterior, superficie, coincidencia, estructuración, estructura, estructurado, no estructurado, convergente, direccional, coordenada, coordenadas, elemento, elementos, fundamental, primordial, potencial, potencialidad, tangibilidad y muchos términos más, utilizados en esta Teoría, son solo Referencias o Diferencias, donde los términos especificados son utilizados estrictamente para una mejor presentación de la Teoría de forma comparativa, para hacer compatible la comunicación. El autor de la Teoría entiende y percibe los efectos descritos en la Teoría, de una manera diferente sin comparación, sino por sucesión funcional entre las referencias con sus diferencias. La teoría en cuestión propone un enfoque más intuitivo y holístico para comprender los fenómenos, en lugar de basarse exclusivamente en un análisis comparativo de magnitudes y propiedades.

Esta teoría no destaca por las novedades que introduce, sino por la organización del conocimiento preexistente sobre el que se fundamenta.

Descargo de responsabilidad: Esta teoría presenta una estructura conceptual única que no se corresponde con ningún paradigma existente. A pesar de su originalidad, sigue estando firmemente basada en los principios fundamentales de la ciencia. Esta propuesta teórica es una obra original que, aunque apoyada y reforzada por el conocimiento humano acumulado, marca una trayectoria completamente nueva en la comprensión del Universo con todos sus efectos causales. Esta Teoría del Todo presenta un marco conceptual unificado que explica exhaustivamente todos los aspectos de la realidad, desde los constituyentes fundamentales hasta las leyes que rigen el universo. Al conectar causas y efectos, elementos y acciones, proporciona una visión unificada y coherente de todo lo que existe. Todo lo que existe, según la teoría, no son más que efectos derivados de una causa única y concreta.

Esta teoría presenta un modelo cósmico jerárquico y cíclico en el que la complejidad surge a través de un proceso evolutivo de autoorganización. Cada nivel de complejidad se basa y se consolida sobre los principios fundamentales establecidos en los niveles inferiores, formando un sistema interconectado y en constante cambio.

El carácter cíclico indica repetitividad, y el carácter acumulativo indica una evolución continua, evitando un bucle continuo repetitivo en el que todos los acontecimientos se repiten constantemente, y aunque se repitan siempre serán diferentes y de mayor magnitud, el carácter acumulativo afecta a la magnitud que influirá en la cantidad de los elementos, que a su vez afectarán a la magnitud combinatoria de la que se consolidará una magnitud dinámica aumentada que argumentará la magnitud actual del universo y la realidad misma.

El carácter cíclico sugiere una recurrencia de acontecimientos, mientras que el carácter acumulativo indica un aumento progresivo de la magnitud de estos acontecimientos. Esto impide la formación de un ciclo repetitivo estático, en el que los acontecimientos se repiten con una magnitud constante. En su lugar, cada iteración se ve influida por un aumento de la magnitud cuantitativa de los elementos implicados, lo que da lugar a sucesos de mayor magnitud y complejidad combinatoria. La acumulación continua de magnitud aumenta tanto la magnitud individual como la magnitud global de los elementos, así como la magnitud combinatoria, incrementando la magnitud dinámica en todos y cada uno de los ciclos. En resumen, la combinación de y entre ciclos, así como el carácter acumulativo, generan una dinámica evolutiva. Los acontecimientos se repiten, pero no de forma estática. Cada ciclo se ve influido por los cambios provocados por sucesiones de causas y efectos acumulativos, que conducen a un aumento de la complejidad y la magnitud. Es como una espiral ascendente, donde cada vuelta es más amplia y compleja que la anterior, marcando un carácter acumulativo ascendente que se detecta e interpreta como el tiempo.

Esta teoría comienza explicando la formación del universo actual a partir de un único elemento estructurado llamado Masa primordial, que en esa etapa englobaba todo lo existencial. Se llama Masa por su estructura que se definirá más adelante y primordial porque es lo único existencial en la etapa que representa, desde la cual derivará todo, por lo que es una Teoría del Todo que parte de una Masa Primordial que engloba todo lo existencial, entonces no está englobada en algo más. Se presenta una teoría que postula un origen único para el universo, a partir de una "masa primordial" desde cual se formará el universo a través de un funcionamiento simple definido también más adelante. Esta Masa, como elemento estructurado y único, sería el origen de todos los elementos y efectos existentes, y la teoría trata de explicar cómo se formó el universo a partir de ella, con todo lo que sabemos, o aún no sabemos, sobre él. Es importante destacar que esta teoría presenta una alternativa coherente a la teoría del Big Bang, ofreciendo una visión diferente y más coherente sobre el origen, funcionamiento y evolución del universo actual, que representa sólo un ciclo de una sucesión de universos, sucesión que cumple también con el carácter acumulativo, que podría ser el ciclo actual de la sucesión cíclica repetitiva y acumulativa de universos. Esta teoría propone que el Universo actual es la sucesión de universos anteriores y esta afirmación se argumenta en otra Teoría, llamada Teoría de la Realidad, también propuesta por Bepe Popu.

Esta teoría propone un origen único para cada universo, postulando la formación de una "Masa Primordial" que contenía todo lo que existe. El término "Masa" se refiere a su estructura como elemento fundamental, mientras que "Primordial" indica que era el único elemento existente al principio, del que derivaría todo para el siguiente Universo. La teoría que pertenece este libro que es solo una extensión de la teoría previamente publicada, denominada por el autor "Teoría del Todo" y publicada por primera vez en 2022, trata de explicar cómo el Universo tal y como lo conocemos se formó a partir de un elemento llamado Masa Primordial, del que derivaría toda la complejidad del Universo actual, incluyendo tanto elementos como efectos, este mismo libro es una extensión de esta "Teoría del Todo".

Es importante subrayar que esta propuesta ofrece una alternativa más coherente a la teoría del Big Bang. En lugar de una expansión inicial desde un punto infinitamente denso inexplicado, esta teoría sugiere una sucesión cíclica de universos que parten de una Masa Primordial inicial y terminan en una Masa Primordial aumentada y argumentada que será la Masa Primordial inicial de otro Universo de una magnitud superior al anterior. De lo que se deduce que el universo actual sería el resultado de la evolución de universos anteriores, donde cada uno partió de una Masa Primordial que aumenta durante la actuación Universal correspondiente, terminando en una Masa Primordial aumentada, lo que argumenta la magnitud del universo actual que es una evolución de los universos anteriores. Esta idea se basa en los principios expuestos en la "Teoría de la Realidad" propuesta también por Bepe Popu". En resumen, cada ciclo comienza con una Masa Primordial y culmina con la formación de una nueva Masa Primordial de mayor magnitud, que servirá de base para el siguiente universo. Este proceso cíclico se basa en los principios cíclicos esbozados en la Teoría de la Realidad propuesta y publicada por el mismo autor Bepe Popu.

Se puede deducir que esta Teoría del Todo no pretende explicar la formación de la Realidad en sí misma, de lo existencial fundamental, siempre en esta teoría se parte de un elemento existencial llamado Masa Primordial, esta teoría sólo definirá el funcionamiento y actuación dentro de un Ciclo universal, la formación y actuación del Cosmos, la formación de todos los elementos y efectos que lo componen.

En pocas palabras, la "Teoría del Todo":

- **No explica el origen de la formación de la primera Masa Primordial:** supone su existencia como punto de partida porque su formación está definida en otra teoría del mismo autor Bepe Popu, en su Teoría de la Realidad, donde se define la formación de la primera referencia.
- **Se centra en los ciclos cósmicos:** describe cómo un universo se forma, evoluciona y se transforma en otro.
- **Es una teoría de "todo en un ciclo":** pretende explicar todo lo que ocurre en un universo concreto, también la razón de ser de esos ciclos en sí mismos por su carácter repetitivo pero acumulativo.

En comparación con otras teorías:

- **Big Bang:** Teoría del Big Bang (gran explosión en inglés), se centra en el origen y la expansión inicial del universo a partir de un punto singular, sin definir.
- **Teoría de cuerdas:** La teoría de cuerdas pretende unificar todas las fuerzas fundamentales de la naturaleza y postula la existencia de dimensiones adicionales.
- **Teorías del multiverso :** Proponen la existencia de múltiples universos, cada uno con sus propias leyes físicas.

La "Teoría del Todo" la extensión aquí expuesta se centra en:

- **Describe los ciclos cósmicos:** Esta teoría explica cómo se forma, evoluciona y colapsa un universo, estructurándose como una nueva Masa Primordial mayor que iniciará un nuevo ciclo con y desde una magnitud aumentada.

- **Explica los fenómenos dentro de cada ciclo:** Muestra la consolidación de leyes físicas, estructuras y procesos que ocurren en cada universo.

Los límites de la teoría:

- **Aquí no se explica el origen absoluto:** se supone la existencia de una primera Masa Primordial sin profundizar en su causa última, que se presenta en otra teoría del mismo autor.
- **Dependencia de la teoría de la realidad:** la validez de esta teoría está vinculada a la aceptación de los principios de la teoría de la realidad de Bepe Popu.

En resumen, esta teoría ofrece una visión alternativa y cíclica del cosmos, que complementa las teorías cosmológicas ya existentes. Sin embargo, su alcance se limita a describir los procesos dentro de cada ciclo universal, dejando abierta la cuestión del origen fundamental de la realidad, que se expone en una publicación dedicada exclusivamente a la realidad.

La gran equivocación, que se puede inducir al leer lo que se presentará a continuación por culpa de la cognición comparativa, es considerar un existencial consolidado u que la realidad esta englobada en algo más. Cuando el propósito del artículo es la presentación de la formación de lo existencial con la consolidación de la tangibilidad en un entorno intangible, se está explorando el proceso de cómo surge la existencia a partir de elementos fundamentales. Recordar que las masas son elementos de masa, elementos en sí como partículas indivisibles hasta si son desintegrables, que solo representa lo tangible en un espacio intangible, donde el dinamismo es el elemento fundamental constitutivo de ambos, que es extremadamente convertible. Entonces, cuando se hace referencia a la masa como partícula fundamental, solo se trata de lo tangible englobado en un espacio intangible donde los dos, tanto la masa como el espacio, son estructuraciones diferentes del dinamismo constituyente. En este sentido, la masa no es materia, sino el precursor de la materia. La masa representa las partículas estructuradas tangibles, mientras que la materia son estructuraciones de estas partículas que trasladarán la tangibilidad a la materia. La tangibilidad define la consistencia medible en cantidad dinámica potencial contenida en una estructura convergente apoyada céntricamente, que define una forma esférica, delimitada por una superficie que define los límites de un elemento definido como tangible, precursor de lo material.

"Es imprescindible dilucidar los mecanismos subyacentes a la formación de la tangibilidad, antes de adentrarse en un análisis exhaustivo de la materia, con el propósito de establecer una definición integral de la realidad y lo existencial."

Empezaremos presentando la extensión de la Teoría del Todo, propuesta por Bepe Popu:

Masa Primordial: Es el punto a partir del cual se presentará la Teoría pero no es el inicio de la Realidad, esta Masa primordial se caracteriza por una estructura convergente en las trayectorias que la definen. En el estado donde toda la realidad se resume en esta Masa Primordial, que define un único elemento existencial estructurado, por lo que sI es el único que define la realidad, todo lo que existe está contenido en ella misma, por lo que define una Masa Primordial como entidad singular, que puede considerarse una singularidad.

La Masa primordial se caracteriza por una estructura altamente ordenada en la que todas las trayectorias convergen hacia un punto central en el que se forma un soporte que cancela el desplazamiento. Esta singularidad primordial representa un estado inicial de máxima concentración de potencial, a partir del cual se desencadenarán los procesos de división por desintegración, generando la expansión a través de la formación del Espacio, que permitirá la diversificación de elementos que dará lugar a un nuevo universo volumétrico con múltiples elementos que interactuarán.

Esta Masa Primordial no está compuesta de materia ya que la materia aún no existe, la materia está compuesta de átomos que son estructuras funcionales que necesitan Espacio para un marco de acción, pero en el estado de Masa Primordial no hay Espacio, energía, ni estructuras compuestas por un múltiple, se formarán en las siguientes etapas de evolución, a través de sucesiones de causas y efectos, por lo que se formarán en los estados posteriores, en el estado descrito como Masa Primordial sólo existe un elemento sólido, una partícula indivisible, que no puede descomponerse en otros elementos estructurados más pequeños, aunque no es un elemento compuesto de otros elementos individuales, sino que puede desintegrarse en el elemento estructural que lo forma, este elemento estructural se define como dinamismo y se explicará más adelante.

La teoría postula una "Masa Primordial" como estado y etapa inicial del universo, anterior a la existencia de la materia, la energía o el Espacio. Esta entidad singular se caracteriza por ser un elemento sólido estructurado, indivisible pero desintegrable en un componente estructural fundamental que denominamos "dinamismo". El dinamismo es un elemento fundamental que subyace a la Realidad, la creación y la evolución del universo y que dará lugar a la formación de las partículas, las acciones y el Espacio que conocemos.

Dinamismo: La Masa Primordial es un estado sincronizado que forma una estructura de puro dinamismo, anterior a cualquier forma que conozcamos. Este dinamismo intrínseco es la base que impulsa la evolución del universo ya que es el elemento fundamental que define y cuantifica lo existencial, permitiendo la formación de lo tangible que manifiesta y define la Masa como elemento y manifestación, pero también lo intangible que define el Espacio. La Masa primordial puede considerarse como una singularidad en la que no se aplican las leyes de la física tal y como las conocemos, debido a la falta de elementos múltiples y a la falta del marco de acción, en la continuación del artículo se explicará el principio y la forma en que se desencadenará la acción que dará lugar a la formación de todo lo que conocemos.

El dinamismo es un elemento en sí mismo, un elemento estructural fundamental que representa la capacidad del cambio, se puede confundir fácilmente con el concepto de energía, pero no es lo mismo, la energía es otro estado estructurado del dinamismo pero no es más que un concepto muy diversificado utilizado para definir una variedad de efectos y manifestaciones, mientras que el dinamismo es el potencial absoluto del cambio iniciado, o no, altamente convertible, del que derivan todos los elementos y efectos, mientras que la energía no es más que una evolución del Dinamismo absoluto, una estructuración y manifestación del mismo.

Acción

La estructuración convergente de las trayectorias que definen la Masa Primordial es el resultado de un proceso de sincronización del Universo anterior, un proceso de sincronización que pierde sus causas existenciales y los efectos adyacentes a estas causas. Como toda sincronización es un proceso dinámico, necesita un marco de acción, y este marco de acción es el Espacio, inexistente en el estado en que toda la realidad, lo existencial, se resume a un único elemento sólido. Cualquier universo está compuesto por multitud de elementos, entonces la existencia de separación es fundamental y se deduce que la separación define el Espacio, pero en el estado de Masa Primordial que engloba toda la realidad durante su existencia no hay Espacio, porque la Masa Primordial es un elemento que define una partícula sólida formada de Dinamismo altamente estructurado en una única trayectoria omnidireccional convergente. Por lo tanto, si no hay Espacio, aunque existan trayectorias que puedan definir la acción, estas serán solo potenciales, estas trayectorias que aunque fueran activas dejaron de manifestarse, debido a la falta de un marco de acción, pero aun conservando su magnitud dinámica como potencial.

En conclusión, desaparece lo único que mantenía a la Masa Primordial como elemento estructurado y único, lo que inducirá a esta Masa Primordial compuesta de Dinamismo a desintegrarse liberando el potencial que llevará a la manifestación de trayectorias, generando fracturas de esta Masa, distribuidas en un Espacio común, pero tanto las fracturas como el Espacio, son diferentes manifestaciones del elemento constitutivo, el Dinamismo derivado de la estructura desintegrada, de la Masa Primordial.

Las fracturas representan estructuras convergentes, las únicas posibles para la formación de estructuras persistentes, similares a la Masa Primordial, estas Masas son solo divisiones procedentes de la Magnitud que contenía la Masa Primordial. En resumen, se produce una expansión fría, debido a la desintegración por división de la Masa Primordial, se genera separación entre los elementos que permanecen estructurados en trayectorias convergentes, la convergencia es la única estructura estable posible en esta etapa tan temprana. Pero el Espacio también es un elemento en sí mismo, y representa también una parte del dinamismo anteriormente contenido en la Masa Primordial pero sin una estructura definida, en conclusión la Masa Primordial se desintegra internamente en Masas y Espacio, resultando una multitud de Masas distribuidas en un Espacio común, una expansión.

Podemos concluir que tenemos multitud de elementos estructurados distribuidos en un elemento desestructurado, una analogía simplista y reducida para ejemplificar con algo familiar, será como un gran trozo de hielo que se fragmenta por desintegración interna en multitud de trozos de hielo y agua en un recipiente en el que tanto el agua como el hielo son diferentes estructuras de un mismo elemento común, que tras la desintegración, conserva la proporcionalidad del elemento estructural.

Resumir los puntos principales:

- **Masa primordial:** estado inicial de máxima densidad y sincronización, compuesto de puro dinamismo.
- **Desintegración:** la Masa primordial se desintegra debido a la pérdida de su marco de acción en y desde el universo anterior (Espacio).
- **Fracturas:** La desintegración genera "fracturas" que son esencialmente Masas con estructura convergente en sus trayectorias (la única estable posible), estructuras persistentes similares a la Masa Primordial de la que se desintegró.
- **Expansión en frío:** El Universo se expande por esta desintegración debido a la formación del Espacio intermedio entre fracturas, sin necesidad de un

evento explosivo inicial, imposible por falta de Materia o Energía, la explosión es una reacción que requeriría materia y energía, inexistentes en esta etapa primordial.

- **Analogía del hielo y el agua:** El universo resultante de un elemento desintegrado ya está compuesto por dos tipos de elementos, **Masas** distribuidas en un **Espacio común**, es como un recipiente de agua con trozos de hielo, donde ambos son estados diferentes del mismo elemento fundamental H2O, (extrapolando en el caso del universo será el Dinamismo).

En esta etapa tenemos una multitud de elementos de Masa que ya son Masas porque son múltiples, distribuidos en un Espacio colosal común. La Magnitud común de las Masas y el Espacio común se generaron a partir de una única Magnitud que definió previamente la Masa Primordial, en conclusión la Magnitud común de las divisiones que representan las Masas y el Espacio resultante es proporcional a la Magnitud de la Masa Primordial antes de dividirse, entonces se deduce que el universo primordial formado no es infinito, es proporcional a una Magnitud inicial finita que definió la Magnitud desintegrada.

Finitud

Puesto que hay un número finito de **elementos de Masa** (que define una magnitud cuantitativa) distribuidos en un **volumen limitado** (que define una magnitud volumétrica), podemos concluir que el cosmos no es infinito. Esta finitud inherente a todos los componentes del universo hace de esta teoría una descripción completa donde la realidad es limitada por lo que la define.

En otras palabras: en esta etapa, nos encontramos ante una multitud de elementos de Masa distribuidos en un vasto Espacio común, que representa un universo primordial. Tanto la Masa total como el Espacio ocupado se originaron a partir de una única magnitud dinámica que definió previamente la Masa Primordial, por lo que las magnitudes dinámicas que cuantifica el Dinamismo como elemento son proporcionales con antes y después de la desintegración. En consecuencia, la magnitud dinámica total del universo actual es proporcional a la magnitud original y finita de la Masa Primordial desde cual se ha formado, lo que implica y argumenta que el universo no es infinito, sino que está limitado por la magnitud finita de su origen.

Así pues, tenemos un número finito de elementos de Masa y un volumen finito de Espacio. Si el cosmos no es infinito, entonces todo lo que contiene es finito, lo que convierte a esta teoría en una **Teoría del Todo Finito,** donde la infinitud queda solo el límite impuesto por la cognición inherente a la etapa correspondiente a su estructuración.

Desglosar cada parte:

- **Número finito de elementos de masa:** Esto significa que la cantidad de materia (estrellas, planetas, galaxias, etc.) en el universo es limitada. No hay una cantidad infinita de materia.
- **Volumen finito de Espacio:** El Espacio mismo, el "contenedor" de toda esta materia, tampoco se extiende infinitamente. Tiene un tamaño determinado.
- **Teoría del Todo Finito:** Si tanto la materia como el Espacio son finitos, entonces el universo en su totalidad es finito. Esta idea contrasta con muchas teorías cosmológicas que postulan un universo infinito.
- **Infinitud como límite cognitivo:** La infinitud, en este contexto, no es una propiedad inherente al universo, sino un concepto que surge de nuestra forma de pensar y comprender el mundo. Es decir, nuestra mente tiende a concebir el Espacio y el tiempo como infinitos, pero esto podría ser una limitación de nuestra cognición u referencias empleadas en el procesamiento cognitivo y no una realidad objetiva.

Expansión a través de la desintegración

Desde una Masa Primordial en desintegración se formará en un instante un Universo volumétrico lleno de elementos definidos por estructuras convergentes persistentes. Estos elementos estructurados no son Materia, son partículas compuestas por Dinamismo estructurado en trayectorias específicas convergentes hacia el centro de la estructura que definen la Masa como elemento, formando partículas fundamentales indivisibles pero desintegrables.

El Espacio también es Dinamismo, pero desestructurado. Así que el universo primordial se compone de dos tipos de elementos formados a partir del dinamismo con diferentes estructuraciones. Un elemento estructurado ya está estructurado, por lo que está definido por las trayectorias que lo forman, pero un elemento no estructurado es estructurable, ya que su estructura le permite ser estructurado al no estar condicionado por una estructura ya definida. Esto es exactamente lo que ocurre, con la formación de los elementos Espacio y Masa que ya son Masas al ser múltiples.

La acción entre un elemento que estructura y otro que permite ser estructurado, define una transformación o conversión de un elemento en otro, por estructuración. Este proceso de conversión o estructuración genera el efecto conocido como **Gravitación,** de la siguiente manera, en la siguiente acción: la Masa definida por dinamismo estructurado, situada en un Espacio definido por dinamismo no estructurado, esta Masa estructurará el Espacio en la parte coincidente, donde la coincidencia es la superficie de la Masa, transformando el Espacio en Masa proporcional a su superficie que marca la coincidencia, entonces la magnitud de la Masa aumenta al asimilar el dinamismo del Espacio transformado, pero la Magnitud del Espacio disminuye proporcionalmente al transformarse el dinamismo del Espacio por sincronización en Masa. Esto es posible porque el elemento estructural fundamental es común y esta teoría lo postula como Dinamismo, entonces la única diferencia entre los elementos Masa y Espacio es la estructuración del elemento fundamental constitutivo.

Comprensión general: El postulado presenta una teoría cosmológica original en la que el universo surge de la descomposición de una Masa Primordial. Esta descomposición da lugar a dos tipos de elementos: partículas estructuradas (Masa) y Espacio no estructurado. La interacción entre ambos, a través de la estructuración del Espacio, genera Gravedad y un aumento de la Masa con una disminución proporcional del Espacio.

Definición del concepto más utilizado introducido en la Teoría del Todo que se propone.

Masa conforme a esta Teoría: *Estado estructural del dinamismo que presenta un cierto grado de Tangibilidad, representado por un potencial almacenado como* *magnitud comprimida (partícula), definido por una forma esférica delimitada por una superficie, no manifiesta trayectorias internas activas, debido que están apoyadas céntricamente.*

Espacio conforme a esta Teoría: *Estado estructural del dinamismo con potencial almacenado como magnitud extendida (volumen), no es condicionado por una forma u alguna trayectoria, entonces puede prestar cualquier trayectoria u forma sin oposición, (sincronizable).*

Gravedad conforme a esta Teoría: *Efecto inevitable por la coincidencia entre Masa y Espacio que son elementos non dinámicos pero sus coincidencias genera un efecto dinámico detectado como Gravedad. La coincidencia define la superficie de la Masa sincronizadora, sincronización de trayectorias que produce la transformación del Espacio en Masa, transformación que induce la disminución del Espacio y el aumento de la Masa implicada por asimilación del dinamismo del Espacio transformado. Entonces la gravedad es un efecto inevitable, por la interacción entre masa y espacio que son dos elementos compuestos por dinamismo potencial inactivo, que si coinciden genera actividad.*

Dinamismo *conforme a esta Teoría*: Capacidad inherente a un sistema o entidad para experimentar alteraciones en su estado, configuraciones o relaciones a lo largo de sucesiones de causas y efectos. Estas modificaciones se manifiestan como trayectorias definidas, ya sean activamente iniciadas o representadas como potenciales evolutivos.

Características clave de esta definición:

- **Trayectoria:** Manifestación o capacidad de manifestarse proporcional a su magnitud potencial que definirá el cambio activo o potencial, una trayectoria omnidireccional es una trayectoria en sí, la primera formada en el Universo como trayectoria convergente céntrica y es la única con magnitud potencial responsable por la consistencia, que define el efecto tangibilidad, desde cual deriva las de más trayectorias que serán iniciadas y direccionales. (Ver estructuración dinámica propuesta para la Masa como partícula)
- **Manifestación:** Se puede manifestar en trayectorias que pueden ser iniciadas o potenciales.
- **Almacenamiento:** Puede ser almacenado debido a su capacidad de conservación sujeta a las leyes de conservación evidenciadas por la ciencia si se consigue transformar la manifestación de las trayectorias que lo define en potenciales en un sistema convergente equilibrado por apoyo céntrico de las trayectorias que lo define.
- **Transformable:** En su estado con potencial almacenado expandido no se manifiesta trayectorias pero genera Espacio con falta de tangibilidad. En su estado potencial donde las trayectorias son

potenciales y estructuradas en un sistema convergente, donde sus trayectorias no iniciadas almacena potencialidad si son apoyadas céntricamente la magnitud dinámica determinará un grado de tangibilidad por compactación u concentración dinámica central donde el centro es el apoyo reciproco de las trayectorias que lo define. Es importante no confundir, la Masa no es una concentración del Espacio, es Espacio que se transforma en Masa debido a la estructuración del Dinamismo que lo compone.

- **Almacena el potencial:** Si se manifiesta como Espacio su potencial es nulo y no manifestara trayectorias pero puede almacenar cualquier potencial, si esta iniciado manifestara un potencial direccional generando trayectorias direccionales proporcional al potencial que lo define, si está estructurado en trayectorias convergente equilibradas apoyadas céntricamente su potencialidad será almacenado hasta si se anulara la manifestación de sus trayectorias.
- **Medible:** El dinamismo puede ser cuantificado como potencial a través de indicadores que evalúen la magnitud y trayectoria de los cambios que induce o puede inducir en un sistema.
- **Observable:** Las transformaciones resultantes del dinamismo son perceptibles y pueden ser registradas a través de diversas herramientas y técnicas.
- **Manipulable:** El dinamismo puede ser influenciado o dirigido mediante la aplicación de estímulos internos o

externos que alteren las condiciones del sistema y modifiquen su trayectoria o magnitud.

- **Potencial:** La capacidad de un sistema para generar cambio situacional y estructural, capacidad latente de un sistema para experimentar cambios, determinada por su estructura interna y las relaciones entre diferencia de sus magnitudes.
- M**anifestación:** La realización concreta de ese potencial en forma de trayectoria o desplazamiento.
- **Equilibrio:** Un estado en el que los potenciales que forman el sistema se compensan, resultando en una configuración estable, donde el potencial absoluto del sistema se equilibra y las trayectorias cesan, pero el potencial sigue presente. Corresponde a un estado en el que el potencial o trayectorias actúan entre si y se compensan, resultando en una estabilidad relativa por no actuar en falta de trayectorias activas. Sin embargo, el sistema puede contener trayectorias potenciales que permita futuras actuaciones dinámicas. Representa el estado de un sistema en el que las influencias internas se compensan mutuamente, resultando en una configuración estable persistente. Esta configuración puede mantenerse indefinidamente en ausencia de perturbaciones externas.
- **Manifestación:** Su manifestación en trayectorias genera desplazamientos, combinaciones, estructuraciones que resultan en transformación por la sucesión de causas y efectos.

- **Presencia:** El Dinamismo se puede identificar en cualquier sistema que presente una manifestación de trayectorias activas o la capacidad de generarla.

La estructura convergente como única posible

Debemos considerar un universo en el que sólo existe el dinamismo como elemento estructural y definitorio, donde el dinamismo representa la capacidad de generar cambio, donde un cambio indica una trayectoria. Entonces, si existieran trayectorias activas, indicarían inmediatamente un sistema dinámico con movimiento continuo de sus componentes internos que afectara su estructura, lo que no es compatible con una estructura que debe estructurarse como elemento que presente estabilidad para que sea persistente, donde su estructura debe permanecer y persistir consolidada, por lo tanto consolidada y estable.

Si sólo se consideran las trayectorias y que el dinamismo se conserva, la única estructura estable y consistente posible a partir del dinamismo en esta etapa primordial es una estructuración en una trayectoria omnidireccional convergente apoyada céntricamente, donde todas las trayectorias posibles convergen a un punto central formando un apoyo central de todas las trayectorias posibles, donde el desplazamiento se anula pero el potencial de las trayectorias persiste.

Una trayectoria omnidireccional convergente de dinamismo es una trayectoria con apoyo central donde el desplazamiento se anula, convirtiendo la trayectoria omnidireccional en una trayectoria potencial. Este tipo de estructura hizo posible que la tangibilidad y las referencias surgieran como elementos en el universo primordial. Esta estructura define la, y las, partículas fundamentales, a partir de la cual se consolidará la Materia. Esta partícula estructurada es indivisible porque sólo la representan las trayectorias potenciales definidas por una potencialidad dinámica absoluta apoyada céntricamente. La única estructura estable y persistente posible en este estado primordial es la convergente, donde la tangibilidad es generada por la concentración central del dinamismo como potencialidad dinámica.

Aproximación sin desplazamiento

Si algo parece irracional o ilógico, no significa que realmente lo sea, la única condición que debe cumplir algo, sea lo que sea, es la de funcionalidad universal que nosotros, como humanos y seres racionales, hemos detectado y catalogado como leyes físicas, que ya son posibles de aplicar en esta etapa debido a la existencia de tangibilidad y múltiples elementos con un marco de acción definido, todo lo cual ha sido definido previamente.

En el universo primordial se produce una aproximación continua sin desplazamiento debido a la acción de sincronización que produce una transformación de un elemento en otro. En este estado, el cosmos se compone únicamente por dos elementos básicos: un elemento estructurante (que tiene una estructura definida que puede estructurar a otro según su estructura) que define la Masa que manifiesta lo tangible (éste es el elemento estructurado) y otro elemento no estructurado pero estructurable (que permite ser estructurado, si se le impone una estructura) que define el Espacio. Ambos son compuestos de un elemento constitutivo común fundamental que la teoría denomina y define como Dinamismo.

En conclusión, en el Universo Primordial después de la expansión fría, sólo tendremos elementos estructurados de Dinamismo distribuidos en un medio de Dinamismo estructurable. Así, si el medio, que es el Espacio, se estructura por la transformación en Masa, el Espacio disminuye, disminuyendo la separación entre las Masas, pero los elementos de Masa aumentan también en magnitud proporcional al Espacio sincronizado como trayectoria convergente, disminuyendo la magnitud volumétrica del Espacio pero reteniendo su potencialidad dinámica en el proceso de transformación del Espacio en Masa, por lo que las leyes de conservación actuales se aplican incluso en esta etapa temprana de un universo primordial. Debido a la disminución de la separación, existe una aproximación sin desplazamiento que se genera por las acciones individuales sobre un medio común, en este caso un Espacio común. "Aunque puede detectarse como un desplazamiento, se trata en realidad de un desplazamiento incompleto como aproximación producida por la disminución del medio".

Comprender el concepto: El concepto de "acercamiento sin desplazamiento" explica cómo los elementos de Masa pueden acercarse unos a otros sin ningún desplazamiento físico hasta si se detecta aproximación. Esto ocurre debido a la transformación del Espacio en Masa, lo que induce a que la distancia entre los elementos disminuya sin que éstos se desplacen en el Espacio, sino que simplemente se recolocarán en el Espacio restante (modifica sus coordenadas dentro del medio en disminución donde están situados).

Intención:

- **Intuitivo:** la analogía de elementos estructurantes en un medio estructurable ayuda a visualizar el concepto.
- **Coherencia con la teoría:** El concepto se ajusta a la premisa de que el Espacio y la Masa están compuestos por el mismo elemento fundamental (Dinamismo).
- **Leyes de conservación:** hace referencia en la aplicación de leyes de conservación en las que el dinamismo constitutivo no desaparece ni se crea, sino que se transforma a través de la estructuración, lo que refuerza la coherencia científica de la teoría.

Ampliando la definición de "dinamismo": Si bien se menciona al dinamismo como el elemento fundamental, una definición o explicación más precisa de sus propiedades hace énfasis en un elemento que define la funcionalidad de la cual deriva cualquier cambio, entonces Dinamismo es la capacidad de generar cambio, que no es Energía como la conocemos aunque existan similitudes, Energía es un concepto que engloba varios efectos de diferente naturaleza, como Energía Eléctrica, Energía Mecánica, cinética, Energía Magnética y más, pero en realidad son sólo Dinamismo ya iniciado y estructurado en trayectorias definidas que puede definirse también como **Energía Potencial:** Almacenada, pero será impreciso debido que el Dinamismo es un elemento en sí.

El Dinamismo puede definirse hasta de forma imprecisa como la energía primordial en forma pura, de la que se deriva la Energía tal y como la conocemos pero también la Masa y el Espacio. El Dinamismo representa una magnitud de potencialidad para generar cambio aunque éste no sea iniciado. El Dinamismo es un elemento altamente transformable a través de la estructuración, representa una magnitud finita que determinará la magnitud de la realidad, todo lo que existe como elemento o funcionalidad es una derivación del Dinamismo. Así que el Dinamismo no es Energía pura aunque la Energía sea un concepto universal, sino que la Energía es Dinamismo puro estructurado en Trayectorias que definirán su estructura y le dan un carácter activo iniciado, mientras que el Dinamismo sólo puede manifestarse como potencialidad del cambio.

Analogía comparable: propongo una analogía más clara que proporcione un marco conceptual sólido con algo familiar y accesible para explicar el concepto de dinamismo. Por ejemplo, el dinamismo podría compararse con una cantidad de agua, donde el agua es el dinamismo y las distintas formas que adopta (hielo, líquido, vapor) son las diferentes manifestaciones estructurantes de un elemento común.

En resumen, el dinamismo es la capacidad fundamental de la realidad para experimentar cambios y transformaciones. Es la fuente primordial para la energía, Masa y Espacio, por lo que es una magnitud absoluta, casi una constante fundamental universal pero acumulativa, del Universo que conforma. Al igual que el agua en su estado más puro, el dinamismo es una magnitud potencial de creación y organización. A través de procesos de estructuración y desestructuración, el Dinamismo se manifiesta en una variedad finita de formas y acciones, acordes con una magnitud que define su capacidad de transformación, desde la energía más sutil hasta las estructuras más complejas del universo.

El dinamismo no es algo abstracto o subjetivo, se manifiesta en todas las formas existenciales posibles ya que es el elemento estructural de la realidad, define la funcionalidad, el dinamismo es un elemento fundamental que conforma todos los niveles de la realidad, desde las partículas más pequeñas hasta las mayores estructuras cósmicas que engloban también la acción.

Interacción

El acercamiento sin desplazamiento, resultante de una separación decreciente, conducirá inevitablemente a una interacción extrema entre las masas. En este punto, las acciones independientes sobre el Espacio común interactuarán entre sí, formando una depresión dinámica en el medio común sincronizado. Esta interacción se debe a la condición intermedia en la que actúan dos masas sincronizadoras, transformando el Espacio en Masa y generando cercanía debido a la disminución del Espacio por transformación.

Las masas, indiferentes entre sí, sólo actúan sobre un Espacio común. Si este Espacio es intermedio, se producirá una limitación del acercamiento, evitándose así de forma natural una colisión, contrariamente a lo que podría sugerir la intuición. Esta acción es contraintuitiva debido a la falta de efectos comparativos en nuestro entorno gravitacional, pero fácil de simular y observar entre dos absorciones de un medio común, y puede simularse de forma reducida pero concluyente mediante experimentos sencillos y poco costosos.

Las masas representan una magnitud definida por el Dinamismo que las compone. Esta magnitud determina una acción sincronizadora proporcional al Dinamismo intrínseco que compone la Masa implicada.

Forma: Por tanto, una estructura convergente define una esfera, que es la forma geométrica que maximiza el volumen para un área dada. Además, la esfera es la única forma geométrica que proporciona una convergencia céntrica equilibrada que posibilita una estructuración estable y persistente. La magnitud volumétrica de la esfera es proporcional a la magnitud dinámica de la Masa implicada, representando así la magnitud cuantitativa del dinamismo que la compone. Se establece así una relación geométrica y de proporcionalidad directa entre la magnitud dinámica de una Masa, su superficie, su magnitud volumétrica y su capacidad de sincronizar el Espacio, todas ellas relacionadas.

En resumen, la forma de la Masa es esférica, y su capacidad para transformar el Espacio en Masa es proporcional a su magnitud dinámica, que define la magnitud cuantitativa del dinamismo del que está compuesta, donde el dinamismo es un elemento estructural fundamental común, tanto la Masa, como el Espacio y la actuación, son dinamismo.

La tendencia natural de los sistemas a alcanzar un estado de mínima energía se manifiesta en la forma esférica. Al igual que las gotas de agua en el Espacio, libres de la influencia de la Gravedad, hasta si son materia adoptan una forma esférica, muchos sistemas físicos tienden a organizarse de manera esférica cuando las contaminaciones dinámicas externas son mínimas o nulas.

La esfera es la forma geométrica que maximiza el volumen con respecto a la superficie. Esta característica la convierte en una forma altamente eficiente desde el punto de vista dinámico. Por esta razón, muchos sistemas físicos, desde las burbujas de jabón hasta los planetas hasta si son constituidos de materia, tienden a adoptar una forma esférica cuando las condiciones lo permiten.

La forma esférica de las gotas de agua en el espacio cósmico sin gravedad como un ejemplo concreto y observable de un fenómeno físico, es un ejemplo clásico de cómo los sistemas tienden a compactar su dinámica y su coincidencia superficie Espacio que ocupan, en la ciencia actual se entiende si se hace uso del concepto de energía como la configuración de menor energía potencial para un volumen dado, donde el término energía potencial define dinamismo. De manera similar, como las burbujas de jabón, los planetas o agujeros negros, adoptando una forma esférica cuando las influencias externas son mínimas o inexistentes. Los agujeros negros son el ejemplo más relevante, considerados en esta teoría como partículas fundamentales indivisibles, compuestas por dinamismo, también presentan una simetría esférica debido a la estructuración convergente que define las trayectorias que los compone.

Para hacerlo aún más preciso y conciso, podríamos decirlo así:

- **La forma esférica es la manifestación geométrica óptima del dinamismo.** Esto significa que la esfera es la forma más eficaz para que una cantidad determinada de dinamismo potencial forme una estructura consistente equilibrada y persistente, prueba más concluyente es la forma esférica observada en los agujeros negros.

- **La capacidad de transformar el Espacio en Masa es directamente proporcional al dinamismo intrínseco de la Masa.** Es decir, cuanto mayor es la magnitud del dinamismo potencial que constituye la Masa, mayor es su volumen y la superficie de la Masa, lo que una proporcionalidad sobre la capacidad de influir en el Espacio circundante y generar Masa en la parte donde coinciden, (coincidencia de sincronización es la misma superficie que delimita la masa).
- **El dinamismo es el elemento fundamental que subyace a la Masa, el Espacio y la interacción entre ambos.** Todas estas entidades son manifestaciones diferentes del mismo principio básico.

En una frase: la esfera, como expresión geométrica óptima del dinamismo, muestra la relación directa entre la magnitud dinámica potencial de una Masa y su capacidad para transformar el Espacio, revelando el dinamismo como principio unificador entre la Masa, Espacio y la capacidad de inducir cambios que define la actuación hasta si es potencial.

La proximidad extrema entre dos masas, producida por las acciones individuales de sincronización de Espacio, acciones individuales omnidireccionales y uniformes en las superficies de las masas implicadas, la aproximación es inevitable si las dos masas ocupan un Espacio común. Esta sincronización del

Espacio por las Masas finalizará en un acercamiento extremo, que inducirá una interferencia mutua intermedia entre las capacidades de sincronización de Espacio por parte de las masas implicadas, produciendo depresión dinámica en el Espacio intermedio.

Dado que la capacidad sincronizadora de cada Masa, es proporcional a sus magnitudes dinámicas, y que estas magnitudes se distribuyen de forma natural uniformemente por sus superficies si no hay interferencia, cuando dos masas se aproximan entre sí, hasta interferir sus acciones sincronizadoras del Espacio intermedio, la capacidad sincronizadora en las superficies correspondientes a las intermedias se verá afectada. Para mantener la proporcionalidad de la absorción a su magnitud dinámica definitoria, la capacidad de sincronización en las partes intermedias de cada Masa se transferirá a las partes no intermedias por desviación del apoyo céntrico. Esto conducirá a una mayor sincronización de Espacio en las zonas no intermedias, disminuyendo el Espacio no intermedio y generando separación mutua, en conclusión se alejarán. Recordar que el Espacio y las Masas son elementos con grados diferentes de Tangibilidad.

Sin embargo, cuando se regularice la sincronización en las superficies de ambas masas, se restablecerá la centralidad del apoyo de las trayectorias internas pero también la uniformidad de la absorción del Espacio en sus superficies, entonces las masas volverán a acercarse por sincronización del Espacio intermedio común hasta que se forme de nuevo una depresión dinámica intermedia. Es una actuación continua que define una oscilación intermedia condicionada y limitada por la existencia de la depresión intermedia y la acción de sincronización en las superficies de las masas. La sincronización del Espacio conforme a las trayectorias que definen las masas es un proceso de transformación del Espacio en Masa, donde si la magnitud de sincronización es uniforme en toda la superficie la disminución del Espacio será omnidireccional, entonces sin cambio de posición del conjunto, pero si la magnitud de sincronización no es uniforme en toda la superficie, el conjunto cambiará de posición en la dirección donde la magnitud de sincronización es mayor detectándose como desplazamiento sí, existen referencias.

- **Sincronización Uniforme:** Si todas las partes de un sistema están sincronizadas y transforma el Espacio donde están situadas de manera uniforme, cualquier cambio en la cantidad de Espacio se producirá de forma isótropa (en todas direcciones), sin generar un cambio de coordenadas del sistema sincronizable dentro del medio sincronizado.
- **Sincronización No Uniforme:** Si la sincronización varía en diferentes partes del sistema, se producirá un desplazamiento traducido por un cambio de coordenadas del sistema dentro del medio sincronizado, en la dirección donde la sincronización que provocará una disminución direccional del medio es mayor. Esto se debe a que la región con mayor magnitud dinámica define una

mayor magnitud sincronizadora con una disminución direccional mayor de Espacio.

El efecto que se propone define acciones individuales sobre un medio común, acciones individuales condicionadas por el grupo al que pertenece, no es una atracción directa entre las masas, no hay atracción, sino sólo una sincronización con la transformación del medio que induce su disminución. El aumento o disminución del Espacio equivale a los efectos que detectamos como acercamiento o alejamiento que representan cambios de coordenadas o cambio de las diferencias entre referencias, pero lo importante de resaltar en la descripción del fenómeno o efecto es que no hay implicación de la energía entonces no es movimiento, el fenómeno o efecto conforme a esta teoría se produce solo por la disminución del Espacio en una determinada trayectoria que puede ser intermedia o no, si el Espacio disminuye marcando referencias intermedias produce acercamiento, si el Espacio disminuye en partes no intermedias provoca separación pero siempre sin desplazamiento u movimiento, sino solo por reasignación en el Espacio restante, un cambio de coordenadas dentro de un sistema global en cual hay varios efectos similares que se influyen entre sí, a través del medio que ocupan y sobre cual actúan.

Dicho de otro modo: El efecto funcional fundamental propuesto describe interacciones individuales en un medio compartido, donde cada interacción está condicionada por el sistema al que pertenece. No se trata de una atracción directa entre masas, si no de una acción de sincronización que transforma activamente el Espacio en Masa. Tanto el Espacio como la Masa son estructuraciones distintas de un mismo elemento fundamental postulado como Dinamismo cuya organización determina sus propiedades. Los elementos derivados desde Dinamismo, postulados Masa, estructuran el elemento Espacio en la zona donde coinciden, de acuerdo a la configuración convergente que define la Masa, transformando parte del Espacio en Masa por sincronización, aumentando la magnitud de la Masa proporcionalmente a la magnitud disminuida del Espacio transformado.

El aumento o disminución del Espacio equivale a los efectos conocidos de desplazamiento que se puede manifestar si se da la condición intermedia como acercamiento o alejamiento respectivamente. Sin embargo, este fenómeno no implica necesariamente un intercambio o transferencia de energía. Se produce por la disminución del Espacio a lo largo de una trayectoria determinada, que puede ser entre objetos o en su entorno. Si la disminución del Espacio se produce en la región entre los objetos, es decir, entre ellos, se produce un acercamiento, sí se produce en las regiones exteriores, se produce un alejamiento, es decir, una separación. En ambos casos, los objetos en sí no se mueven ni se desplazan, sino que se trata de un efecto causado por la disminución del medio común que ocupan, donde en este caso es el Espacio.

En esta etapa primordial el Universo se compone sólo por tres tipos de elementos, uno fundamental y común llamado Dinamismo del que se derivan los otros dos básicos para la actuación, que son la Masa y el Espacio. Es importante señalar que la Materia aún no existe en esta etapa temprana del Universo aún primordial. La Materia se formará más tarde, en la etapa continua con la formación y estructuración de los átomos.

Las masas se aproximan por sincronización que provoca una disminución omnidireccional del Espacio que ocupan con referencia a la Masa sincronizadora. Pero si dos o más masas comparten un Espacio común, se aproximarán inevitablemente debido que en la coincidencia intermedia intervienen sus acciones "sincronizadoras" independientes, que sumarán sus acciones sobre un Espacio delimitado por las diferencias definidas entre las referencias que marcarán las masas, esto inducirá una disminución proporcional del Espacio en las coincidencia intermedias correspondientes. En conclusión, no existe atracción entre masas en el sentido tradicional, sino que ambas contribuyen individualmente a la reducción por transformación del Espacio común que ocupan. Recordar que esta teoría postula que lo que define también condiciona.

Sincronización omnidireccional

La sincronización, es el efecto entre dos entidades que constan del mismo elemento estructural común pero con una estructuración diferente del elemento constitutivo. En este caso se trata de Masa y Espacio en el que la Masa es un elemento altamente estructurado en trayectorias convergentes, donde el Dinamismo marca trayectorias que convergen en el centro de la estructura donde forman un apoyo, determinando una geometría esférica. La Masa como elemento estructurado indica una partícula indivisible pero desintegrable en el elemento constitutivo fundamental a partir del cual se constituye, este elemento fundamental es el Dinamismo donde las trayectorias que lo definen se apoyan centralmente, por lo que ya no se manifiestan sino que permanecen como potenciales. El Espacio está constituido por el mismo elemento fundamental que es el Dinamismo, pero sin una estructuración definida de sus trayectorias.

En conclusión, hay un elemento fundamental del que derivan otros dos uno estructurado y otro estructurable, que si coinciden, interactuarán inevitablemente entre sí en la parte coincidente, la coincidencia es en la superficie de la parte estructurada que es la Masa. La Masa estructurará el elemento estructurable que es el Espacio, en la parte coincidente mencionada como la superficie de la Masa sincronizadora. Si la Masa estructura el Espacio según su estructuración, el Espacio se convertirá en Masa que aumentará la magnitud de la Masa proporcionalmente a la disminución de la magnitud del Espacio, de este modo se puede detectar una acción de conversión.

La sincronización, por tanto, es un proceso de conversión del elemento estructural constitutivo que los define, transformando un elemento no estructurado intangible en otro estructurado tangible, el **Espacio se convierte en Masa,** donde ambos son manifestaciones y estructuraciones diferentes del Dinamismo, esto define la consistencia desde donde derivara la tangibilidad.

Dicho de otro modo: La sincronización es la interacción entre dos elementos compuestos por el mismo elemento estructural fundamental, pero con distintos niveles de organización. En este caso, hablamos de Masa y Espacio. La Masa es una entidad altamente estructurada internamente, donde el elemento constitutivo está estructurado definiendo trayectorias convergentes hacia un centro donde formará un apoyo, anulando la manifestación de las trayectorias pero guardando su magnitud dinámica como potencialidad y formando una geometría esférica que definirá una partícula fundamental tangible indivisible, pero desintegrable. A pesar de ser indivisible, la Masa se compone del mismo elemento estructural fundamental, que esta teoría denomina "Dinamismo", aunque seá un término prestado de la filosofía. El Espacio, a su vez, también se compone de dinamismo, pero sin una estructura definida de sus trayectorias. Es muy importante no confundir Masa con Materia, la Masa define la formación de las partículas fundamentales responsables de la tangibilidad a partir de las cuales se formarán los átomos, o si forman una partícula de magnitud extrema definirá un agujero negro que todavía siguen detectables. La Masa representa la primera y única estructuración posible, que formará lo tangible, representa una concentración convergente de dinamismo de la que resultará la primera forma, que es esférica y la formación de la primera delimitación que es su superficie, así se formarán las referencias de las que derivarán las diferencias correspondientes.

En resumen, tenemos un elemento fundamental (el dinamismo) del que se derivan otros dos elementos: la Masa, que está muy estructurada, y el Espacio, que está menos estructurado. Cuando estas dos entidades interactúan, la Masa impone su orden al Espacio, transformando el Espacio en una estructura similar a su propia estructura al asimilar y ordenar el dinamismo contenido en el Espacio transformado. Este proceso de transformación aumenta la magnitud del dinamismo de la Masa y disminuye la magnitud del dinamismo del Espacio en un proceso de transformación proporcional.

En conclusión, la sincronización es un proceso de conversión en el que un elemento menos estructurado (el Espacio) se transforma en otro más estructurado (la Masa), ambos compuestos del mismo elemento fundamental (el dinamismo).

Apoyo céntrico, magnitud dinámica, trayectoria de desplazamiento y uniformidad dinámica de la superficie,

superficie que define la coincidencia entre elementos con estructuración diferente.

Una partícula de Masa puede conceptualizarse como una estructura organizada de Dinamismo, definida por la convergencia de las trayectorias que la forman. La forma esférica de esta estructura indica una distribución uniforme del Dinamismo en torno a un punto central con distancias iguales a su superficie. Este punto central representa el apoyo de las trayectorias que definen la estructura, y la distancia a la superficie determina la magnitud direccional del Dinamismo, una mayor distancia del centro de la Masa a su superficie indica una mayor magnitud cuantitativa de dinamismo y viceversa.

Una desviación del punto central respecto al centro geométrico de la esfera que define la Masa inducirá una distribución desigual del dinamismo dentro de la estructura, provocando una manifestación desigual del dinamismo en la superficie a través de distancias céntricas desiguales. Las superficies con mayor distancia al centro de Masa manifiestan un dinamismo más intenso porque la distancia centro-superficie indica la magnitud cuantitativa direccional del dinamismo. Esto conduce a una disminución por sincronización superficial localizada del Espacio correspondiente a la superficie. Esta disminución del Espacio induce un desplazamiento de toda la estructura en una dirección determinada por cambios de coordenadas direccionales en el Espacio disminuido direccionalmente, disminución inducida por la magnitud dinámica direccional directamente proporcional a la distancia interna perpendicular centro-superficie. **Una centralidad perfecta induce una estabilidad situacional de la estructura, donde cualquier desviación céntrica induce la desestabilización situacional de la estructura en el medio sobre cual actúa y ocupa.**

La no uniformidad dinámica que aparece en la superficie de tal estructura esférica descentralizada que define la Masa es el resultado de la interacción con otras estructuras similares. Las trayectorias opuestas en las correspondientes zonas intermedias de estas estructuras próximas se influyen mutuamente en proporción a las magnitudes de la desviación interna y central de las masas, que influyen en la distribución del dinamismo en sus superficies. Esto también alterará la uniformidad dinámica, y la capacidad sincronizadora en la parte coincidente de las masas sincronizadoras, con el Espacio a sincronizar.

Para entender el concepto, es importante considerar no sólo el dinamismo total de una estructura, sino también su potencial dinámico direccional en el caso de una desviación del apoyo central. El dinamismo que definirá la dinámica es directamente proporcional a la distancia entre el centro de la Masa y su superficie. Un mayor dinamismo potencial en una dirección indica una mayor tendencia a disminuir el Espacio, e inducir un cambio de coordenadas del conjunto hacia esa dirección.

Así, una desviación del centro de una Masa no afecta a la magnitud total del dinamismo de una estructura, sino sólo a la distribución del dinamismo que lo compone. Esta distribución no uniforme induce una magnitud sincronizadora resultante, que hace que la estructura se ajuste a una posición determinada influyendo a sus coordenadas frente a un medio disminuyente direccionalmente. Esto sucede transformando el Espacio de esa dirección en Masa, proporcional y conforme a las magnitudes dinámicas direccionales internas correspondientes a la Masa implicada, (se trata de la distancia centro-superficie en la Masa implicada que define una estructura).

Gravedad

Al describir el proceso de sincronización, se argumenta la forma esférica de las partículas fundamentales de Masa (Masa que no es Materia hasta si el efecto se traslada a la Materia), su estructura interna y la generación de un proceso dinámico en presencia del Espacio. Una partícula fundamental de Masa, que sincroniza el Espacio en el que se encuentra, provocará una disminución del Espacio circundante y puesto que la aproximación es un proceso de disminución del Espacio, define y argumenta el comportamiento observado para la Gravedad. Así que la Gravedad es el resultado de la sincronización del Espacio que causa la disminución del Espacio, cual es más evidente en la proximidad de la Masa. Cualquier otro objeto que ocupe el Espacio en disminución sincronizado también disminuirá el

Espacio intermedio entre la Masa sincronizadora que inducirá una disminución de la separación entre las mismas, pero sumando las acciones sincronizadoras, el proceso de transformación conjunto del Espacio se acelerará proporcionalmente, o cuantas más acciones sincronizadoras se apliquen al mismo Espacio intermedio, más rápido será el proceso de transformación y disminución del Espacio por la actuación conjunta sobre un espacio común limitado por referencias. Así que la Gravedad no debe considerarse una caída libre aunque lo parezca, es sólo una disminución del Espacio intermedio entre la Masa y el objeto que se considera que cae, el objeto que cae está en realidad inerte, en reposo, ocupando sólo un Espacio en una disminución continua, proporcionando así una perspectiva alternativa a la teoría de la relatividad general.

Puntos clave de la propuesta:

- **La Masa como sincronizador:** la Masa, al estar muy estructurada, induce una sincronización del Espacio circundante, reduciendo su extensión por transformación.
- **La Gravedad como contracción del Espacio:** la Gravedad no es una fuerza que atrae objetos, sino una reubicación de objetos que ocupan un Espacio en constante contracción, resultado de la contracción del Espacio entre masas.
- **Objetos en reposo:** Los objetos que parecen caer libremente en presencia de la Gravedad en realidad

están estáticos en un Espacio en continua contracción por actuaciones independientes sobre el mismo, esta actuación también define el acercamiento o alejamiento por reajustes de coordenadas en el espacio restante, sin desplazamiento real.

¿Por qué las interpretaciones previas de las teorías son tan diferentes de la Teoría propuesta en este trabajo? La cognición humana y la evidencia, marca la trayectoria de la cognición, la cognición comparativa y el procesamiento es heredado de los instintos y transferido a la conciencia, es por eso que todas las observaciones han sido interpretadas por comparación, y los resultados han sido directamente influenciados por el método utilizado en el procesamiento que siempre ha sido comparativo. La comparación utiliza referencias para procesar las diferencias, en algunos casos las referencias eran insuficientes, pero debido a la necesidad de un resultado se procesaban referencias insuficientes, entonces las diferencias no siempre eran visibles o las correctas pero se consideraban aceptables, un resultado aproximado es mejor que ningún resultado.

El efecto de la Gravedad es innegable por su relevancia así como la dinámica que define al Dinamismo como elemento, pero el proceso basado en partículas es insuficiente, porque en algún momento se debe definir una partícula fundamental indivisible y lo que hace diferente a esta teoría de las demás es que propone esta partícula que llama Masa. La Masa es una partícula indivisible, pero que puede desintegrarse en un elemento constitutivo fundamental llamado Dinamismo, por lo que esta teoría también define el elemento constitutivo fundamental de la realidad misma. El elemento está bien definido por la teoría propuesta como un elemento que representa una magnitud potencial para generar cambio. En conclusión, el Dinamismo es un elemento fundamental medible por su capacidad de generar cambios, es un elemento extremadamente convertible en base a su estructuración, desde lo intangible como el Espacio, hasta la máxima tangibilidad como la partícula fundamental llamada Masa. En conclusión, cada parte tangible, intangible, actuación o manifestación es una representación estructural del único elemento fundamental llamado Dinamismo. Donde dinamismo es simplemente la capacidad de generar cambio, ya sea por acción, interacción, combinación o estructuración.

Todo en la realidad o en el Universo son Efectos de una misma causa común fundamental, que es el Dinamismo, pero como cada efecto es causa de otros efectos, se generan niveles estructurales y cada nivel es un punto de partida para los siguientes efectos y a partir de una causa secundaria se pueden definir los siguientes efectos. Esta teoría propone la causa fundamental, definiendo un funcionamiento evolutivo, en consecuencia se puede explicar todo lo que existe, el existencial holístico, abarcando elementos, efectos y acciones. Puede explicar la formación de los átomos que definen la materia que a su vez es el soporte de la conciencia, todo esto en un solo marco conceptual funcional, muy obviamente, esta teoría es la única que explica y define el funcionamiento de la Gravedad a partir de causas anteriores.

En otras palabras: el conocimiento humano y las pruebas disponibles han ido conformando nuestra comprensión de la realidad a lo largo del tiempo. Sin embargo, los conocimientos básicos heredados de nuestros instintos nos han llevado a procesar la información de forma comparativa, utilizando referencias preexistentes. Esta tendencia a comparar ha influido en nuestras interpretaciones, ya que a menudo hemos utilizado referencias insuficientes para explicar fenómenos complejos, en los que el resultado a menudo ha sido inducido por la necesidad de obtener un resultado que sólo puede ser aproximado.

La Gravedad, por ejemplo, aunque es un fenómeno indiscutible, ha sido difícil de explicar plenamente mediante modelos basados en partículas. La teoría que aquí se propone introduce un nuevo concepto de estructura como partícula fundamental: **la Masa,** La Masa se define como una partícula indivisible, aunque puede desintegrarse en un elemento estructural fundamental denominado **Dinamismo**, Este Dinamismo representa la capacidad de generar cambio y es la causa existencial fundamental de toda la realidad según esta teoría.

El Dinamismo es el elemento estructural fundamental, extremadamente versátil y se manifiesta tanto en formas intangibles, como el Espacio, como en formas tangibles, como la Masa. En esencia, toda la realidad, desde las partículas más pequeñas hasta las estructuras más complejas, es una expresión del Dinamismo en diferentes estados de organización. El Dinamismo, como la Gravedad misma, son muy evidente en la acción Universal, ejerciendo influencia en todos los niveles. Tanto la Gravedad como el Dinamismo son innegables por su alta relevancia. Así pues, Dinamismo y Gravedad no son conceptos inventados, sino que ambos han sido poco explicados hasta que tienen una alta relevancia en la realidad. Esta teoría busca proporcionar una definición objetiva y coherente de ambos conceptos, los cuales, a pesar de su importancia, han sido poco explorados en profundidad.

Esta teoría proporciona un marco conceptual unificado para explicar una amplia gama coherente de fenómenos derivados de un principio fundamental funcional sin necesidad de una unificación posterior a su formulación, el principio fundamental funcional es válido desde la formación de los átomos hasta la aparición de la conciencia. Al proponer un único elemento fundamental y mecanismo evolutivo, la teoría propone un marco conceptual coherente que explica no sólo los efectos de los fenómenos, sino también las causas y los mecanismos por los que se producen, presentando una visión unificada y accesible del universo, que da respuesta tanto a las preguntas fundamentales de "por qué" hasta de "cómo": cómo se producen.

Los límites del acercamiento

La sincronización del Espacio produce su disminución transformándolo en Masa, la disminución de un medio común afecta a la posición de todos los objetos que ocupan el medio, provocando una reubicación de los objetos en el medio restante, medio que en nuestro caso es el mismo Espacio. Así, cada sincronización, aunque sea individual, afectará proporcional e individualmente a todo el grupo que ocupa el mismo Espacio común. De aquí se deducen comportamientos individuales condicionados por el grupo al que pertenecen, donde las masas son indiferentes entre sí pero sincronizan y disminuyen el Espacio global que ocúpan. Pero si surge la condición intermedia, la acción recíproca sobre una zona intermedia añadirá una acción dinámica sumada en esta zona intermedia específica, aumentando la disminución de la separación intermedia. Esta disminución intermedia está limitada por la formación de una depresión intermedia causada por la interferencia entre las magnitudes sincronizadoras que definen cada Masa. Si no se forma depresión ni hay interferencia, las masas sincronizarán el medio omnidireccionalmente, entonces la sincronización es uniforme en sus superficies, pero si las acciones de sincronización interfieren afectará a la uniformidad de la sincronización en las superficies de las masas implicadas, manteniendo la magnitud sincronizadora global constante y proporcional a la magnitud dinámica interna de cada Masa. Esto define una sincronización constante y proporcional a la magnitud que define cada Masa que da estabilidad situacional al sistema que forman. Si la uniformidad de la sincronización en la superficie se ve afectada, la Masa se desplazará en la porción donde el Espacio que ocupa disminuya más, por un cambio de coordenadas en un medio disminuyente, ya que la disminución del Espacio en una dirección dada indica un desplazamiento o cambio de coordenadas dentro del sistema global en esa dirección, generando un desplazamiento de la Masa por sincronización/transformación/disminución del Espacio que ocupa.

Límites de Disminución del Espacio intermedio, en otras palabras, para eliminar la confusión si es el caso

La sincronización del Espacio, al convertirse en Masa, provoca una disminución del Espacio disponible. Esta disminución afecta a la posición de todos los objetos contenidos en ese Espacio común, obligando a un reajuste en el Espacio restante. Cada proceso de sincronización influye proporcional e individualmente en el conjunto de objetos que comparten ese Espacio. De este modo, los objetos muestran comportamientos individuales condicionados por el grupo al que pertenecen. Aunque las masas son indiferentes entre sí, todas contribuyen a la sincronización y reducción del Espacio que ocupan conjuntamente, y la afectación del Espacio induce cambios situacionales de los objetos que lo ocupan.

Cuando interactúan dos o más masas, la disminución de Espacio se intensifica en la región intermedia, debido a la suma de sus efectos de sincronización en un Espacio definido por las referencias correspondientes. Sin embargo, esta disminución tiene límites impuestos por la interferencia entre las acciones de sincronización de cada Masa, que puede generar zonas de menor magnitud dinámica del Espacio.

En ausencia de interferencias, la sincronización se produce de manera uniforme en la parte coincidente de la Masa, donde la coincidencia define la superficie esférica de la Masa que actúa en todas las direcciones alrededor de cada Masa. Sin embargo, si las zonas de influencia de las distintas masas interfieren, la uniformidad de la sincronización se ve afectada por la necesidad de mantener la proporcionalidad de la manifestación dinámica, que define la Masa implicada. A pesar de estas irregularidades de la sincronización en las superficies, la magnitud total de la sincronización de cada Masa sigue siendo una constante proporcional a su Masa, lo que garantiza la estabilidad de cualquier sistema que forme o vaya a formar.

Si la sincronización no es uniforme en la superficie de una Masa, la disminución de Espacio correspondiente a la coincidencia con su superficie no será uniforme y tenderá a desplazarse en la región donde la disminución sea mayor.

Hay una tendencia de refutar o negar el Espacio como elemento que dificultara el entendimiento de esta teoría y sus postulados, pero si se analiza de forma holística la realidad entonces el espacio es innegable. Es razonable negar el espacio y la argumentación será comprensible, los peces también si llegaran a un nivel cognitivo superior tenderán a negar al agua al principio, hasta si es innegable y lo tiene pegada a los ojos. Entonces: "Así como un pez, por muy desarrollado que sea, no puede negar el medio acuático que lo sustenta, tampoco podemos negar la existencia del espacio, el escenario de todos los eventos que si es parte del sistema que conforma la Realidad, entonces es parte del Existencial, entonces se tiene que definir como elemento. El espacio es el escenario de toda existencia, al igual que el agua lo es para un pez. Por más que intentemos negarlo, el espacio es un componente fundamental de la realidad que nos engloba y, por tanto, debe ser considerado un elemento esencial de la Realidad." **Esta teoría presenta un paradigma completamente nuevo con un marco conceptual unificado, desvinculado de los modelos cosmológicos convencionales. Propone un enfoque radicalmente distinto para comprender la Realidad en su conjunto, sin eliminación u omisión de componentes o efectos.**

Sistema funcional, actuación dinámica

Las masas se acercarán inevitablemente debido a la continua contracción del medio que ocupan, generando una contracción global del Espacio, lo que obliga a una reubicación de las masas en el medio restante, que en este caso es el Espacio. Pero si se da la condición intermedia, en el intermedio la aproximación se acelera por una acción conjunta en un medio definido y limitado por la separación. El límite de la aproximación viene definido por la interacción entre las acciones individuales de sincronización, que provocará una insuficiencia dinámica en el intermedio creando la depresión intermedia, que provocará un **apoyo mutuo oscilante sin contacto**.

La formación y desvanecimiento de la depresión marcará una zona intermedia de oscilación recíproca, en definitiva las masas se aproximan y permanecerán próximas y oscilantes, marcando un plano intermedio. Entonces la oscilación intermedia viene definida por una relación de proporcionalidad definida por la magnitud de cada Masa implicada, generando una zona con cambios de trayectoria intermedia que define una oscilación intermedia. La separación generada entre dos masas que actúan sobre un Espacio común es inversamente proporcional a la diferencias de magnitud entre las masas implicadas. Esto significa que cuanto más desiguales sean las masas, mayor será la distancia que mantendrán. Por lo tanto, la distancia de oscilación más cercana se dará entre masas con magnitudes dinámicas iguales. Este principio subyace en la formación y el límite exterior del conocido efecto Horizonte de Sucesos, aunque no define los efectos que se producen al cruzarlo.

En el plano orbital no hay apoyo, el plano orbital está condicionado por el apoyo intermedio, entonces lo que va a definir el plano orbital es el plano intermedio, este plano intermedio es la condición existencial para el plano orbital. Al no existir apoyo en el plano orbital, se generará desplazamiento en este plano.

En resumen, las masas se acercan, oscilan unas con otras y luego se orbitan, efecto que se puede observar en el desplazamiento orbital en los sistemas planetarios, solares y galácticos, pero el mismo comportamiento rige a los átomos que definen la materia, " la humanidad o la vida en general sigue manifestando el mismo comportamiento involuntario, pero este comportamiento de la vida está contenido en otro libro que define el conocimiento.

La combinación de la oscilación intermedia y el desplazamiento orbital da como resultado un desplazamiento orbital elíptico combinatorio y funcional que explica todos los desplazamientos observados en los sistemas planetarios, solares y galácticos. En este punto de la Teoría queda definida la formación de los primeros átomos que definirán la materia tal y como la conocemos en su estado funcional actual, pero también queda definida la formación de los primeros agujeros negros, ya que las partículas fundamentales tienen magnitudes muy diferentes y se acercarán, combinarán y formarán cúmulos o aglomeraciones, estructuradas o no.

Sistema funcional: Dinamismo, actuación dinámica, para una mejor clarificación

Las masas, al ocupar un Espacio cada vez menor debido a la sincronización y a su conversión en Masa, provocan inevitablemente que las masas se aproximen unas a otras. Esta disminución global del Espacio obliga a las masas a realojarse en el Espacio restante.

Cuando dos o más masas están relativamente próximas, su aproximación se acelera debido a una intervención común en la zona intermedia. Esta interacción, limitada por la separación entre las masas, crea una zona de menor densidad dinámica denominada depresión dinámica intermedia del Espacio en la que la definición y la propiedad dinámica se deben al elemento constitutivo fundamental común. La depresión intermedia induce un cambio de trayectoria, generando oscilaciones mutuas entre las masas, impidiendo de forma natural que colisionen.

La formación y el desvanecimiento de esta depresión definen una zona intermedia de oscilación, en la que las masas se acercan, se alejan y vuelven a acercarse siguiendo un patrón repetitivo. La naturaleza de esta oscilación depende de las masas implicadas, generando una zona en la que los cambios de trayectoria se manifiestan por la acción que define la oscilación intermedia.

El plano orbital de las masas no es arbitrario, sino que está condicionado y definido por la oscilación intermedia, esta oscilación intermedia s la causa existencial pera el plano orbital, y lo condiciona. Es decir, el plano intermedio actúa como soporte o referencia del movimiento/desplazamiento orbital. En ausencia de soporte/apoyo en el plano orbital, el desplazamiento en este plano formado es libre por no ser condicionado.

En pocas palabras, las masas se acercan, oscilan y acaban orbitando entre sí. Este comportamiento se observa a todas las escalas, desde los sistemas planetarios hasta los átomos. La combinación entre la oscilación intermedia y desplazamiento orbital da lugar a órbitas elípticas, que explican los desplazamientos naturales observados en el universo.

La distancia orbital entre dos Masas es inversamente proporcional a la diferencia de magnitud entre las Masas implicadas. Cuanto mayor sea la diferencia de magnitud entre las masas implicadas, mayor será la distancia donde orbitarán. Por lo tanto, la distancia orbital más corta se establecerá entre Masas con magnitudes similares. Este principio es fundamental para comprender la formación y el límite exterior del Horizonte de Sucesos, que delimitará una órbita estable y elíptica resultante de la interacción entre dos planos con diferentes desplazamientos (plano intermedio y plano orbital). Sin embargo es importante considerar que este modelo no explica los efectos que ocurren cuando una de las Masas cruza el horizonte de sucesos de otra Masa mayor, donde si ocurre quedara atrapada, envuelta, en un Espacio en constante contracción y será arrastrada junto con él, hasta si continuará sincronizando el espacio donde se encuentra, al colisionar su estructura será desintegrada y asimilado su dinamismo por la masa mayor, (recordar que Masa no es Materia). Este comportamiento de acercamiento, oscilación y desplazamiento orbital, que puede culminar en una colisión con la consiguiente asimilación del elemento constituyente, puede ser modelado mediante fórmulas matemáticas basadas en las diferencias de magnitud entre las masas involucradas que definirá las trayectorias. La zona orbital que delimita el horizonte de sucesos representa una región estable y neutral en términos de magnitudes, indicando un equilibrio dinámico relacionando las diferencias de masa, distancia y trayectoria.

Ideas principales:

- **Relación inversa entre magnitudes y distancia orbital:** A mayor diferencia de magnitud entre dos Masas, mayor será la distancia a la que orbitarán. Por el contrario, si las masas tienen magnitudes similares, la órbita será más cercana y más corta.
- **Horizonte de sucesos:** Este concepto se introduce como un límite de acercamiento entre las masas que definirá las orbitas, es la zona donde los comportamientos cambian, por ejemplo si dos masas son muy alejadas sin formar depresión se acercarán por disminuir el Espacio intermedio recíprocamente, cuando se forma la depresión, esta marcará una zona estable donde se orbitaran y donde el desplazamiento intermedio se transforma en orbital, pero si se traspasa esta zona, la Masa que lo traspasa estará en un Espacio que se contrae y colisionará con la Masa que contrae el Espacio que ocupa.

- **Órbitas estables:** En la definición se describe como la interacción entre dos planos con sus desplazamientos correspondientes (plano intermedio y orbital) que puede dar lugar a órbitas estables y elípticas, siempre y cuando no se cruce el horizonte de sucesos que esta teoría lo define como una zona que define un comportamiento proprio y desde donde cambian los comportamientos, desde esta definición se derivan tres zonas, una fuera donde las masas se acercan, una en el horizonte donde se orbitan y otra dentro donde colisionan.
- **Efectos dentro del horizonte de sucesos:** Al cruzar el horizonte de sucesos, una Masa queda atrapada y ocuparía un Espacio que se contrae constantemente entonces será arrastrada hacia la Masa que provoca la contracción del Espacio que ocupa.

Y lo que es más importante, este modelo propone un mecanismo fundamental funcional para la formación de los primeros átomos y, en última instancia, para la estructura de la Materia tal como la conocemos.

La densidad dinámica del Espacio: Sólo es relevante si se considera el Dinamismo como elemento fundamental del que derivan los demás elementos estructurados o no. Esta teoría postula el Dinamismo como base estructural fundamental de cualquier derivación posible, los elementos básicos para el funcionamiento y estructuración del Universo son la Masa y el Espacio, donde la Masa es lo tangible que define un elemento estructurado de Dinamismo, el otro elemento es el Espacio que es un elemento no estructurado compuesto también por Dinamismo, en conclusión los dos son compuestos del el mismo elemento fundamental. El Dinamismo define la capacidad de generar cambio, una potencialidad, entonces una densidad dinámica se puede definir como la potencialidad del cambio, una magnitud del Dinamismo.

Puntos clave de la definición:

- El dinamismo **como fundamento:** El dinamismo es el principio fundamental que subyace tanto a la Masa como al Espacio, otorgándoles la capacidad de generar cambios, transformaciones y combinaciones. El dinamismo es, en esencia, el cambio mismo iniciado o no, altamente relevante en la realidad que conocemos, por lo que el dinamismo es innegable. Su cuantificación se basa en su capacidad de producir cambios, siendo un elemento extremadamente versátil que puede pasar de un estado intangible a otro extremadamente tangible si se estructura en trayectorias definidas. Como elemento fundamental, todo lo que existe deriva de él, desde el Espacio y las interacciones hasta los objetos más concretos.
- **La Masa y el Espacio como manifestaciones del dinamismo**: la Masa es una manifestación estructurada y tangible del dinamismo, mientras que

el Espacio es un estado más desestructurado del dinamismo.

- **La Gravedad como proceso dinámico:** la Gravedad es el proceso dinámico e inevitable por el que las trayectorias se sincronizan debido a la inevitable interacción entre Masa y Espacio, en la parte coincidente que es la superficie de la Masa. La Masa tiende a estructurar el Espacio, compuesto de dinamismo no estructurado, induciéndole la estructuración del dinamismo que la define.
- **Densidad dinámica como potencial del cambio:** la densidad dinámica del Espacio cuantifica la capacidad intrínseca del Espacio para experimentar y posibilitar el cambio y la transformación.

En esencia, esta teoría propone una nueva forma de entender el universo, en la que el cambio constante o "dinamismo" es el motor fundamental de toda la realidad.

Desglosa cada punto:

- **El dinamismo como base:**
  - **Todo es cambio:** la teoría sugiere que el universo evoluciona y se transforma constantemente. El dinamismo no es sólo un atributo de los objetos, sino la base misma de su existencia.
  - **De lo intangible a lo tangible:** El dinamismo puede manifestarse de formas muy distintas, desde lo más intangible (como el Espacio) a lo

más tangible (como la Masa), pasando por las actuaciones.

  - **El origen de la realidad que todo lo abarca:** El dinamismo es el origen de todo lo que existe, desde las partículas más pequeñas hasta las estructuras más grandes del cosmos.

- **La Masa y el Espacio como manifestaciones:**
  - **La Masa como dinamismo estructurado:** La Masa, manifestación de lo tangible que formará la materia o la parte material, es una forma de dinamismo altamente organizada.
  - **El Espacio como dinamismo desestructurado:** El Espacio, a su vez, representa el dinamismo en un estado más disperso y menos definido, si no manifiesta trayectorias propias, puede tomar prestada cualquier trayectoria aplicada sin oposición, y por tanto puede sincronizarse.
- **La Gravedad como proceso dinámico:**
  - **Interacción entre Masa y Espacio:** la Gravedad no es una fuerza misteriosa, sino el resultado de la inevitable interacción entre Masa y Espacio.
  - **Estructuración del Espacio:** la Masa, a través de la manifestación de la Gravedad, actúa sobre el Espacio, de hecho estructura el dinamismo que compone ese Espacio, transformándolo en Masa, reduciendo así el Espacio, afectando a la separación.

- **Densidad dinámica:**
  - **Potencial de cambio:** La densidad dinámica es una medida del Espacio como separación, no como volumen, la condición intermedia es un Espacio definido por la separación, cuanta más separación, más Espacio, más dinamismo que puede experimentar el cambio. Cuanto mayor es la densidad dinámica, mayor es el potencial para que se produzcan transformaciones y cambios.

En resumen, esta teoría presenta un universo en el que todo está en constante transformación y combinación, (dinámica). El dinamismo no es sólo una propiedad de los objetos, sino la esencia misma de la realidad, es un elemento fundamental. La Masa, el Espacio y la Gravedad son distintas manifestaciones de este dinamismo fundamental.

¿Qué implica esta visión?

- **Un universo en constante evolución:** el universo no es estático, sino que cambia y se adapta constantemente.
- **La Gravedad como propiedad emergente:** la Gravedad no es una fuerza fundamental independiente, sino una consecuencia inevitable de la interacción entre la Masa y el Espacio.
- **Un nuevo enfoque para comprender la realidad:** esta teoría ofrece una perspectiva diferente para abordar cuestiones fundamentales sobre la naturaleza del universo, como el origen, la estructura y la evolución.

En pocas palabras, esta teoría propone que el dinamismo es el arquitecto de la propia Realidad, dando forma a todo lo que existe y a todo lo que sucederá.

La formación de la materia, la primera manifestación del movimiento real, la energía y mucho más.

Hasta ahora se ha propuesto una acción que parte de un elemento llamado Masa Primordial que se desintegra y a partir del cual se forman varios elementos estructurados tangibles, divididos en otro elemento intangible menos estructurado. Representa y describe la formación de varias referencias con sus diferencias desde una única referencia estática pero con potencial absoluto, formando un sistema dinámico que será el Universo Primordial que define un cambio de estado de no iniciado a iniciado.

En el universo primordial sólo existen diversas partículas de Masa distribuidas en un Espacio común, generadas a partir de un único elemento estructurado llamado Masa Primordial constituido por un elemento estructural fundamental llamado Dinamismo que representa el potencial del cambio. Así que la Masa Primordial es una Estructuración de

Dinamismo, contiene dinamismo potencial puro y estructurado que puede generar cambio.

La desintegración de la Masa Primordial, rompe la estructuración del Dinamismo que la compone y parte de este Dinamismo permanecerá estructurado creando las masas, pero la mayor parte perderá su estructuración y se convertirá en Espacio. La estructuración del Dinamismo son trayectorias que representan el cambio y las primeras trayectorias existentes en el Universo Primordial son sólo omnidireccionales y apoyadas, estas son responsables para la formas esféricas, por lo tanto si las trayectorias son apoyadas son estáticas, entonces potenciales, representando la estructuración convergente que define la Masa, que conforma las Masas como múltiple.

La estructuración convergente del dinamismo definido por las masas estructurará el dinamismo con trayectorias indefinidas que definen el Espacio, generando un proceso dinámico por disminución que se conoce como Gravedad, con una continua reubicación de las masas en el Espacio restante, en una disminución continua del Espacio debido a la sincronización que induce una transformación. Este proceso obliga a una aproximación continua entre las masas que componen el sistema universal primordial, conduciendo inevitablemente a una interacción entre las magnitudes sincronizadoras de las masas. Que debido a la depresión intermedia generará oscilaciones recíprocas, cambios de trayectorias, órbitas recíprocas y apoyos recíprocos, manteniendo las masas próximas orbitando entre sí en órbitas elípticas, lo que argumenta la formación de los primeros átomos que serán la base de la Materia. Esta teoría presenta una visión holística del universo en la que el cambio y la evolución son fundamentales porque se trata y describe un sistema funcional.

La Masa primordial es estática y el dinamismo que la compone es sólo potencial. Esta Masa compuesta de dinamismo potencial estructurado se desintegra generando más elementos de Masa distribuidos en otro elemento llamado Espacio, los elementos estructurados distribuidos comenzarán inevitablemente a estructurar el elemento no estructurado en el que están distribuidos, que es el Espacio, de esta manera se crea un sistema dinámico universal, funcional, debido a la transformación del Espacio en Masa que se reubicará en el Espacio restante. Los elementos Masa y Espacio, sólo se diferencian por su estructuración a partir de un elemento constitutivo fundamental.

La acción de sincronización que define una transformación que provoca aproximaciones genera agrupaciones o aglomeraciones formando cúmulos de elementos que se estructuran, oscilan y orbitan entre sí, que definirán la materia, en conclusión aparece la materia que formará aglomeraciones.

Con la aparición de los átomos y la formación de la materia, el universo dejará de ser primordial y se convertirá en un universo consolidado. La materia tiene una nueva propiedad que es la reacción, la reacción da lugar a trayectorias direccionales, trayectorias que no serán ya meramente orbitales o intermedias. Surge la energía tal y como la conocemos, la capacidad combinatoria para formar estructuras orbitales estables de masas definirá la variedad de átomos, y la variedad de átomos definirá la variedad de materia que definirá la variedad de reacciones, combinaciones y estructuras.

En otras palabras, con la formación de los átomos el universo se complica, aumentando en estructuras y acciones complejas pero disminuyendo en volumen debido a la sincronización que conduce a una estructuración con compactación global del dinamismo constituyente.

Análisis

Se describe un proceso global de formación de la materia a partir de una Masa Primordial. **Analizamos un resumen de los principios fundamentales:**

- **Agrupación y estructuración:** los elementos primordiales denominados Masa, impulsados por un proceso de sincronización que provoca aproximaciones, se agrupan formando cúmulos. Estos cúmulos adoptan estructuras definidas, orbitan y oscilan entre sí, formando los primeros átomos.
- **La aparición de la materia:** es en estos grupos donde se define la materia. La formación de átomos marca el final del estado primordial del universo.
- **La reacción como propiedad de la materia:** Con la aparición de la materia surge la capacidad de reacción, (que es solo transferencia u intercambio de Energía para alcanzar un equilibrio), esto incluye el efecto de explosión, que genera trayectorias direccionales, que se añaden a las trayectorias orbitales o intermedias existentes.
- **Energía y diversidad:** La energía se produce como consecuencia de las reacciones y de la capacidad de los átomos para formar estructuras orbitales estables. Esta diversidad de estructuras atómicas da lugar a una gran variedad de materia, que producirá reacciones y estructuras más complejas.
- **Complicación del universo:** La formación de los átomos marca un cambio relevante en el universo,

que pasa de un estado simple a otro mucho más complejo y dinámico.

La materia que no reacciona formará agrupaciones que aumentarán en magnitud, la materia que reacciona generará cada vez más dinamismo a través de reacciones e interacciones entre agrupaciones. Las combinaciones que formen estructuras estables formarán nuevos elementos con sus acciones específicas basadas en nuevas propiedades y características que los definirán y condicionarán.

Puntos clave:

- **Agrupaciones estáticas frente a dinámicas:** la materia no reactiva se agrupa en agrupaciones estáticas, mientras que la materia reactiva genera un dinamismo creciente mediante interacciones y combinaciones.
- **Formación de nuevos elementos:** las combinaciones estables de materia dan lugar a nuevos elementos con propiedades únicas.
- **La relación entre estructura y función:** las propiedades y características de los nuevos elementos determinan sus acciones específicas en el universo.

En conclusión, el Universo pierde volumen al transformarse en Masa, que es un elemento más estructurado y compacto del Dinamismo. La magnitud dinámica del universo aumenta a través de sucesiones de causas y efectos. Así pues, se puede argumentar sobre la base de la presentación funcional descrita que el universo no se expande, sino que disminuye en volumen, provocando un aumento del dinamismo por volumen restante. Esto se argumenta reinterpretando una observación conocida cuando observamos galaxias lejanas que representan una imagen obsoleta con un desplazamiento hacia el rojo del espectro electromagnético, si empleamos la comparación con una imagen más reciente observada desde nuestro sol o galaxias más cercanas que tienen un desplazamiento hacia el azul. Este desplazamiento hacia el azul indica que en el pasado la concentración de dinamismo por volumen en el Universo era inferior a la actual, argumentando la disminución del mismo y lo postulado en la teoría que se propone. Entonces el corrimiento al rojo solo demuestra y argumenta que en el pasado el universo era más volumétrico pero menos dinámico.

Esta teoría desafía la interpretación convencional del corrimiento al rojo al comparar imágenes de luz emitida en momentos cósmicamente distantes, aunque recibidas simultáneamente en la Tierra. Al analizar la luz proveniente de una estrella a años luz y compararla con la luz del Sol, se infiere el estado del universo en diferentes épocas, argumentando que en el pasado el universo era menos dinámico pero más volumétrico que en el presente, esto argumente una disminución continua del espacio por su transformación en masa con un aumento dinámico de las interacciones por recolocación de las masas en el volumen restante, recordar que el dinamismo está sujeto a la ley de conservación postulada para la energía en el sentido que no desaparece pero tiene carácter acumulativo en base a sucesiones de causas y efectos, entonces el universo ya no se expande si no que disminuye. Este modelo implica una evolución cósmica distinta y innovadora a la expansión acelerada actualmente aceptada.

Hasta ahora se ha descrito una interacción universal fundamental responsable de la formación y evolución de la realidad. La interacción consiste en una acción inevitable entre una entidad sincronizadora altamente estructurada que ocupa un medio sincronizable poco estructurado, que provocará el efecto de aceleración transformando un elemento poco o nada estructurado en un elemento altamente estructurado y compactado. El proceso que desencadena la acción a través de la sincronización, es el proceso de transformación desde un único elemento constitutivo de la realidad, de poco estructurado a altamente estructurado, que definirá la tangibilidad, permitiendo la formación de varias referencias tangibles con sus correspondientes diferencias intangibles en una sucesión continua de causas y efectos. La sincronización no es más que una transferencia dinámica debida a la reestructuración del dinamismo constitutivo de los elementos implicados, generando un aumento en la magnitud dinámica global debida a aceleraciones, este aumento dinámico define un aumento del dinamismo constitutivo que argumenta la magnitud actual del universo en componentes y acciones, indicando un carácter evolutivo global.

Elementos clave:

- **Entidad Sincronizadora:** Elemento altamente estructurado que inicia el proceso de sincronización (Masa).
- **Medio sincronizable:** Medio menos estructurado en el que puede influir la entidad sincronizadora (Espacio).
- **Sincronización:** proceso que induce una transformación radical del desorden al orden (La coincidencia entre un elemento sincronizador y un elemento sincronizable, produce la acción) que se detecta como La Gravedad.
- **Aceleración:** La sincronización conduce a una disminución del medio que provoca aproximaciones, lo que produce una aceleración, por tanto un aumento de la dinámica, de ahí un aumento del dinamismo global.
- **Tangibilidad:** el resultado de la sincronización es la creación de elementos tangibles, es decir: definidos, estructurados, perceptibles y medibles.

- **Causa y efecto:** la sincronización genera sucesión continua de causas y efectos que induce la evolución.
- **Dinamismo:** La sincronización es un proceso dinámico, y su aumento debido a la aceleración induce un aumento del dinamismo global, lo que equivale a un aumento del elemento constitutivo de la realidad, (del Dinamismo), y por tanto de la realidad misma. El dinamismo es el elemento constitutivo fundamental de la realidad, su magnitud define la extensión de la realidad.

Interpretación general

El modelo propuesto presenta una visión holística y dinámica del universo, en el que todo está interconectado y en constante evolución. La sincronización es la acción inevitable que transforma el desorden primordial en un universo ordenado y complejo. El modelo tiene implicaciones para entender el futuro del universo, ya que sugiere una evolución continua hacia un estado de complejidad y orden crecientes, en el que el orden viene impuesto por la estructura sincronizadora y sus consiguientes efectos. El universo tiene una tendencia intrínseca hacia la complejidad y la estructura que acabará en una estructuración completa del dinamismo que lo define, formando una Masa Primordial más aumentada que la Masa Primordial desde la cual partió. La Masa Primordial final contendrá más Dinamismo que la Masa Primordial desde donde se ha consolidado, lo que significa que el siguiente universo que formará será mayor en componentes,

Espacio e interacciones. La Masa Primordial es el resultado de la Gravedad que es producto de un proceso dinámico de sincronización que necesita un marco de actuación para manifestarse, pero con la sincronización que concluirá con la transformación total del Espacio, acabando en la formación de una Masa Primordial, este marco de actuación dejará de existir por la desaparición total del Espacio, produciendo la Expansión con la formación de un nuevo Universo Primordial mayor que el anterior, que culminará también en otra Masa Primordial más aumentada. Esta actuación de los universos también describe una actuación cíclica evolutiva pero acumulativa.

Resumiendo:

7 Millones de Años de Cognición continúa. La Teoría del Todo principios fundamentos y argumentación, el rumbo a la perfección por caminos imperfectos.

Desglosemos cada una:

- **"El Libro de 7 Millones de Años de Cognición continúa, la Teoría del Todo, principios, fundamentos y argumentación":**
    - **7 millones de años de cognición:** Hace referencia a la larga historia evolutiva de la inteligencia humana, desde nuestros primeros ancestros hasta la actualidad.
    - **Continúa la Teoría del Todo:** Sugiere que esta obra busca una explicación unificada de todo lo existente, similar a las ambiciones de la física teórica.
    - **Principios fundamentos y argumentación:** Indica que el libro presenta una base sólida y una justificación lógica para sus afirmaciones.
- **"El rumbo a la perfección por caminos imperfectos":**
    - **Rumbo a la perfección:** Sugiere un progreso constante hacia un estado ideal, hacia una mayor comprensión o conocimiento.
    - **Caminos imperfectos:** Se reconoce que este progreso no es lineal ni perfecto, sino que está lleno de errores, retrocesos y desviaciones.

¿Qué define y presenta este libro?

Por si acaso llegaste hasta este punto y todavía estás confuso, sin poder relacionar lo descrito, te proporcionaré un cierto grado de aclaración.

En este libro se presenta el inicio de un universo como una actuación de un sistema repetitivo universal: una sucesión de universos donde cada uno aumenta en magnitud respecto al precedente. Este aumento de magnitud representa un sistema cíclico acumulativo, una sucesión de universos que crecen en cada actuación. Este libro describe el sistema funcional de esta actuación en concreto, describiendo el inicio desde un elemento sólido estructurado que se desintegrará debido a que las causas que llevaron a su formación (el espacio) desaparecerán, afectando el efecto de gravedad que dejará de manifestarse por falta de un marco de acción.

La desintegración de este elemento primordial generará varios elementos estructurados, pero también nuevo espacio que será un nuevo marco de actuación para los elementos formados. La desintegración define una expansión, debido a que es un efecto interno: todo lo que existe está englobado en este elemento, entonces no es una expansión hacia otra cosa, sino una desintegración en sí misma, una expansión de la realidad misma. La masa solo aumenta de volumen, formándose espacio desestructurado entre divisiones que mantendrán una estructura convergente. Esto define la formación de referencias con sus diferencias correspondientes, donde las referencias definirán masas. Estas masas serán partículas indivisibles de masa, pero desintegrables. Son masas por su carácter múltiple, dependiendo de la existencia de separación. Por la existencia de separación, donde la separación define un espacio, se deduce que estas masas ocupan un espacio común. Estas masas están constituidas desde un elemento fundamental que la teoría denomina "dinamismo medible", que se define por una magnitud que puede inducir cambios, similar a lo que denominamos energía, pero no es lo mismo.

Después de definirse en el libro la formación de estas referencias de masa (masas que representan el surgimiento de la tangibilidad) generando varias diferencias y el espacio como separación (pero intangible), se describe el surgimiento de la actuación dinámica que define la gravedad con sus efectos como desplazamiento, la formación del primer apoyo, oscilación desde donde derivan las trayectorias y mucho mas. Con la manifestación dinámica de la gravedad, se describe una sucesión de eventos que llevará a la estructuración de los primeros átomos, lo que inducirá la formación de la materia con su capacidad de reacción, que finalizará en la formación de estructuras materiales cada vez más volumétricas y más estructuradas, lo que llevará a la formación y surgimiento de la consciencia y mucho más. El artículo identifica la persistencia y la formación de partículas fundamentales extremas como los agujeros negros.

Este libro presenta una sucesión de causas y efectos que definen la evolución y actuación de un universo que solo es una manifestación de una sucesión de universos, desde donde resalta que el universo actual es una sucesión acumulativa de universos anteriores. No es una lectura superficial, presenta una actuación con una evolución continua que definirá la realidad, partiendo desde un elemento y pasando por la formación de la consistencia que define lo tangible, presentando una actuación basada en sucesiones de causas y efectos repetitivos pero acumulativos.

Tabla de contenido:

1. El Libro de los 7 Millones de Años de Cognición sin interrupción
5. ¿Podrá la ciencia explicar toda la realidad por sí sola?
8. Descargo de responsabilidad
13. Comparación con otras teorías
14. límites de la teoría
16. **Empezaremos**
19. Acción
25. Expansión
26. Definición conceptos
31. Estructura convergente única posible
32. Aproximación sin desplazamiento
34. Ampliando la definición de "dinamismo"
37. Interacción
38. Forma
40. Proximidad extrema
45. Sincronización omnidireccional
48. Apoyo céntrico
49. Magnitud dinámica
49. Trayectoria de desplazamiento, uniformidad dinámica de la superficie
49. coincidencia
51. **Gravedad**
53. Interpretaciones previas diferentes
57. Límites del acercamiento
60. Sistema funcional
62. Actuación dinámica
66. Densidad dinámica
68. Desglosando
70. implicación
71. Formación de la materia
72. Movimiento real
74. Energía
75. Análisis
80. Interpretación general
82. Resumiendo

"7 millones de años de Cognición continua, una teoría coherente"

CREDITOS

Editorial: BoD • Books on Demand GmbH, In de Tarpen 42, 22848 Norderstedt (Alemania)
Impresión: Libri Plureos GmbH, Friedensallee 273, 22763 Hamburg (Alemania)

ISBN: 978-84-1326-7661